...LICATIONS

DE

...SURANCES SUR LA VIE

Par M. Louis Bellet,

...du PROPAGATEUR DES ASSURANCES CONTRE ...NCENDIE, du CODE DE LA FAMILLE, etc.

PARIS — 1860.

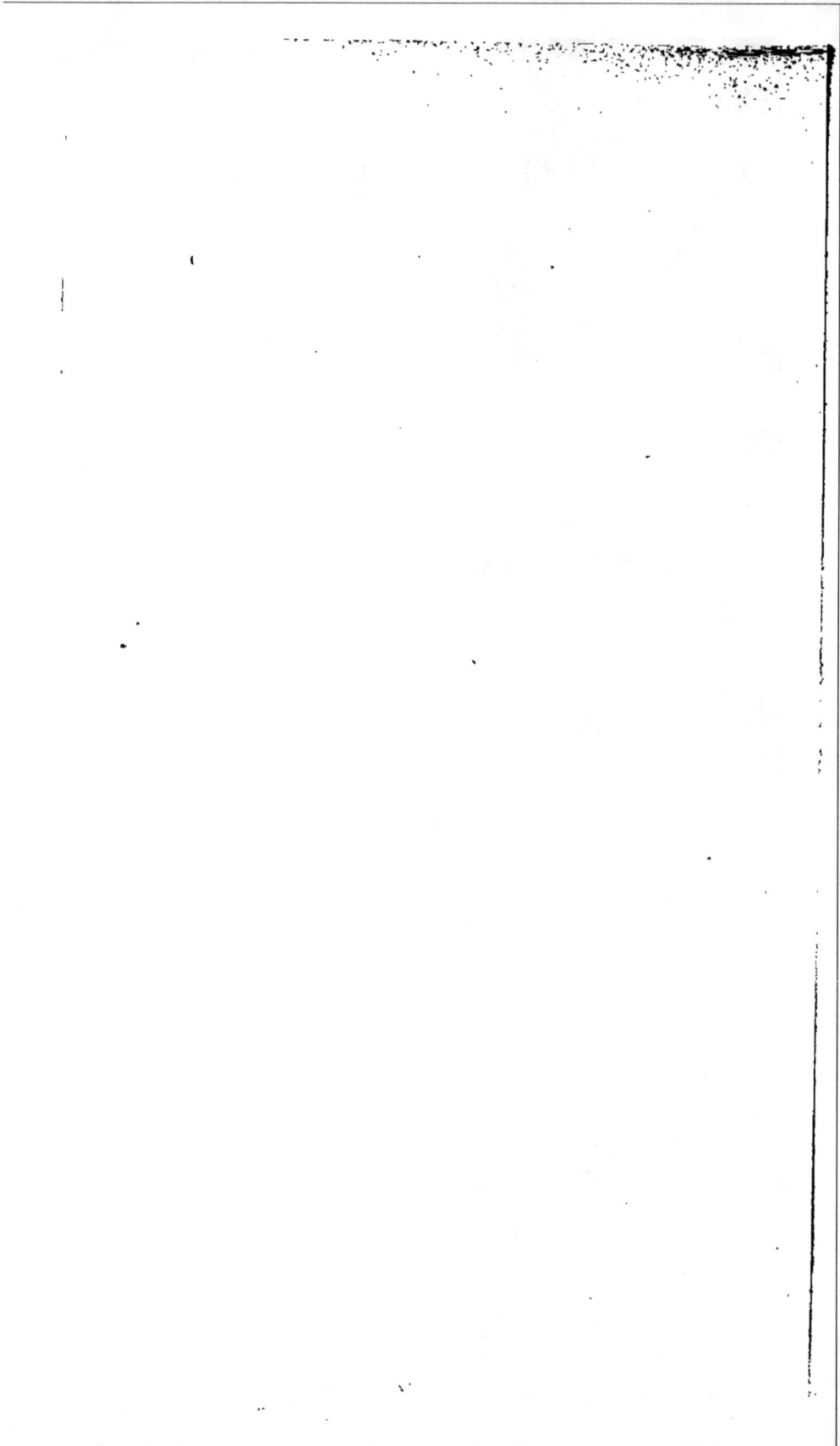

EXPLICATIONS

DES

ASSURANCES SUR LA VIE.

PARIS

IMPRIMERIE L. TINTERLIN ET Cⁱᵉ

RUE NEUVE-DES-BONS-ENFANTS, 3,

EXPLICATIONS

DES

ASSURANCES SUR LA VIE

Par M. Louis Bellet,

Auteur du PROPAGATEUR DES ASSURANCES CONTRE
L'INCENDIE, du CODE DE LA FAMILLE, etc.

———— ✤ ————

PARIS — 1860.

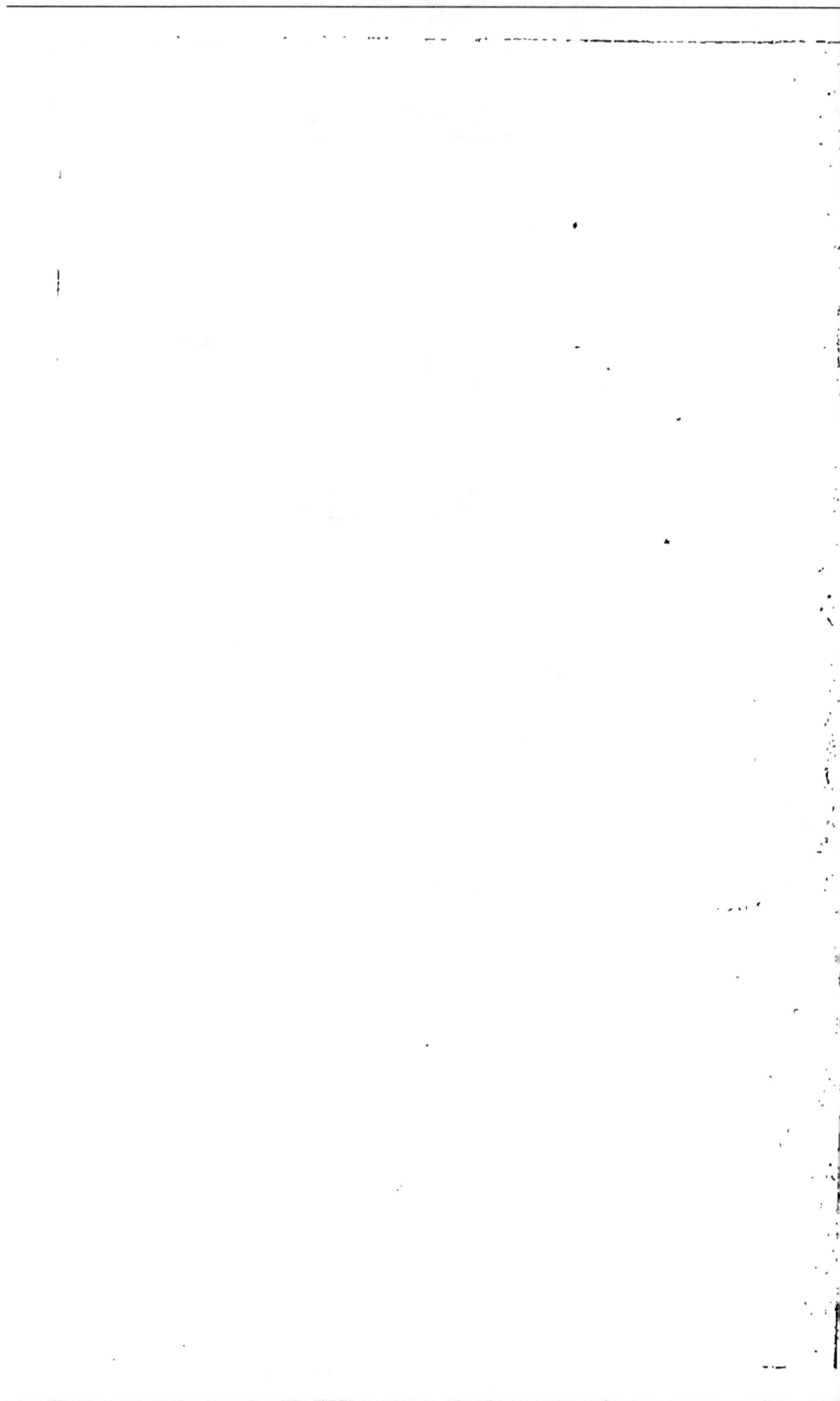

AU LECTEUR.

Les *Assurances sur la vie* sont une des plus ingénieuses applications de cette science qui, sous le nom d'Économie politique, se propose d'améliorer, par ses constantes recherches, la condition de toutes les classes de la société.

Ces assurances ont pour but général de recueillir les épargnes conquises par des habitudes d'ordre, de les mettre en sûreté, de les protéger contre les malheurs privés ou contre les tentations du besoin, de les faire fructifier par l'accumulation de leurs produits. Aussi se recommandent-elles à l'attention des hommes sérieux, des pères de famille, de tous ceux, en un mot, qui, guidés par la prévoyance, jettent leurs regards au delà du présent et veulent affranchir l'avenir de toute incertitude.

Tandis que, dans notre pays, les *Assurances sur la vie* sont encore dans leur enfance, elles sont entrées, en Angleterre, si profondément dans les mœurs, que le Royaume-Uni compte aujourd'hui (1860) plus de 200 Compagnies qui garantissent à des assurés des capitaux dépassant la somme énorme de *quatre milliards*. C'est que les Assurances, en Angleterre, où leur féconde création remonte aux premières années du dernier siècle (1), sont associées à toutes les transactions civiles et commerciales. Là, personne ne se marie, ne prend un état, ne se crée une industrie, personne n'entreprend un voyage sans avoir souscrit, au préalable, un contrat d'assurance.

Si les *Assurances sur la vie* se sont développées plus lentement en France, c'est que, sans répugner à nos mœurs, elles ne parlent pas assez à notre intelligence; c'est que leurs combinaisons, aussi ingénieuses que variées,

---

(1) La première ébauche du contrat d'assurance remonte, en Angleterre, à l'année 1706. L'Institution des *Assurances sur la vie* n'a été introduite en France qu'en 1819.

et les ressources qu'elles présentent aux hommes prévoyants, ne sont peut-être pas encore suffisamment comprises.

Aussi, croyons-nous qu'il suffira d'expliquer le mécanisme des assurances, de propager la connaissance des divers contrats auxquels elles peuvent donner lieu, de mettre en lumière les services qu'elles sont appelées à rendre, non-seulement à la famille en en resserrant les liens, mais encore à la société entière, pour faire adopter parmi nous une Institution qui a produit chez nos voisins les plus merveilleux résultats. Il ne s'agit, après tout, pour notre pays, que de faire un nouveau pas dans la voie économique où la fondation des *Caisses d'épargne* et de la *Caisse des retraites et pensions viagères pour la vieillesse* l'ont déjà fait heureusement entrer.

CHAPITRE PREMIER.

DÉFINITIONS ET CLASSIFICATIONS.

Les assurances sur la vie, dans leur accep-
tion la plus étendue, sont des opérations où
l'intérêt des capitaux se combine avec les
chances de la mortalité, de manière à offrir
des avantages que ne sauraient procurer les
placements ordinaires. Elles ont pour prin-
cipe la prévoyance et l'économie; elles ont
pour résultats la conservation et l'accroisse-
ment des fortunes.

Les assurances sur la vie se divisent en
deux grandes classes :

1° Assurances de capitaux ou de rentes
exigibles au décès de l'assuré.

Ces opérations comprennent les *assurances*
dites *pour la vie entière, temporaires, de survie*, etc.

2° Assurances de capitaux ou de rentes
payables du vivant des assurés.

On désigne sous cette dénomination, les *rentes viagères* à jouissance immediate, ou differée, *les assurances dotales*, etc.

Il y a une troisième nature d'opérations qui participe des deux précédentes, et qu'on appelle *assurances mixtes ou à termes fixes*.

Nous allons passer en revue ces diverses combinaisons et en exposer les avantages et les applications.

Ce que nous dirons concerne les assurances sur la vie, en général, et plus particulièrement le système d'opérations adopté par la Compagnie de l'UNION, l'une des plus anciennes et des plus importantes compagnies françaises.

CHAPITRE II.

ASSURANCES POUR LA VIE ENTIÈRE.

L'*assurance pour la vie entière* est un contrat par lequel la Compagnie s'engage à payer, lors du décès de l'assuré, à quelque époque qu'il ait lieu, un capital déterminé à ses héritiers ou ayants droit. Pour prix de cet engagement, l'*assuré* paye à la *Compagnie*, pendant toute la durée de sa vie ou pendant un certain nombre d'années, une prime annuelle, qui est fixée d'avance en raison de son âge et de la somme qu'il veut laisser après lui.

Pourquoi a-t-on dénommé ce contrat *assurance sur la vie?*

On sait que le propriétaire fait *assurer* sa maison contre l'incendie, afin d'être indemnisé des pertes que le feu lui occasionnerait; on sait que l'armateur fait *assurer* contre les risques de la navigation ses navires et leurs cargaisons, afin de trouver, en cas de sinistre, une réparation du dommage qu'il éprouverait.

Or, les *assurances sur la vie* ont une analogie frappante avec les *assurances contre l'incendie* et les *assurances maritimes*. La vie d'un chef de famille n'est-elle pas, en effet, une valeur réelle, représentée par le fruit de son travail? n'est-elle pas, s'il nous est permis de le dire, une propriété, aussi bien qu'une maison, qu'un navire ; propriété qu'il met en rapport, qu'il exploite par son intelligence, et qui est peut-être le seul bien de sa femme et de ses enfants? Ceux-ci doivent éprouver une perte matérielle, lorsque cette VIE, si précieuse pour eux, vient à s'éteindre; et c'est afin qu'ils aient moins à souffrir de cette perte que le père de famille prévoyant fait *assurer* sa VIE contre les dommages que sa mort fera subir à ceux qui lui survivront.

L'homme qui signe un contrat de ce genre, le plus noble, le plus désintéressé de tous, a compris que la mort peut l'enlever à tout âge. Il se sent inquiet, surtout s'il vit de son travail, sur le sort de ceux qui lui sont chers; il craint de les laisser après lui dans une position précaire, peut-être dans la gêne. Une *assurance sur la vie* répond à sa sollicitude et aux inspirations de son cœur. Cet homme, d'ailleurs, à défaut de famille, veut peut être satisfaire de généreux penchants, obliger un ami, récompenser un serviteur. La somme produite par l'*assurance* qu'il aura contractée, payera à sa mort la dette de la reconnaissance ou de l'amitié.

Dira-t-on que, sans faire *assurer sa vie*, un père de famille peut accroître son héritage et atteindre ainsi le même but par des

économies successives et un travail opiniâtre ?
En admettant cette hypothèse, a-t-on calculé
le nombre d'années qui lui seront nécessaires pour créer, par des épargnes sagement
amassées, un capital un peu considérable ?
Vingt-cinq années d'économies, nous dirons
même de privations, lui suffiraient à peine
pour laisser à sa famille une somme qu'un
contrat d'*assurance* lui garantira dès le moment où il aura payé la première prime.

EXEMPLE.

M. A...., âgé de 35 ans, contracte une assurance dans le but de laisser à sa mort la somme de
25.000 fr. La prime qu'il doit payer chaque année,
pendant toute la durée de sa vie, sera, de 710 fr.
Maintenant, que cet assuré meure après avoir
payé un nombre de primes plus ou moins considérable, ou qu'il meure le lendemain même de l'assurance, c'est-à-dire après n'avoir versé qu'une
seule prime, les 25,000 fr. sont, *dans tous les cas*,
acquis à ses héritiers.

Les *Compagnies d'assurances* rendent donc,
si l'assuré meurt prématurément, à ceux que
la nature ou que sa volonté lui a substitués,
une somme hors de toute proportion avec sa
mise. Lors même que son existence se prolonge au delà du terme ordinaire, le contrat
ne peut lui devenir onéreux; car, par une
combinaison qui sera expliquée plus loin, il
trouvera un dédommagement dans la participation aux bénéfices de la Compagnie.

Prime annuelle à payer pendant toute la vie pour chaque somme de 100 fr. exigible au décès :

AGE de L'ASSURÉ.	PRIME ANNUELLE.	AGE de L'ASSURÉ.	PRIME ANNUELLE.
21 ans.	2 f. 01 c.	41 ans.	3 f. 38 c.
22	2 06	42	3 50
23	2 11	43	3 61
24	2 16	44	3 74
25	2 21	45	3 87
26	2 26	46	4 01
27	2 32	47	4 16
28	2 37	48	4 31
29	2 43	49	4 48
30	2 49	50	4 66
31	2 55	51	4 84
32	2 62	52	5 04
33	2 69	53	5 25
34	2 76	54	5 47
35	2 84	55	5 71
36	2 92	56	5 96
37	3 00	57	6 23
38	3 09	58	6 51
39	3 18	59	6 81
40	3 28	60	7 13

La prime est fixée d'après l'âge de l'assuré au jour du contrat et elle n'augmente plus ensuite. Mais elle est d'autant plus élevée qu'il a contracté à un âge plus avancé. En effet, l'engagement devant être exécuté à la mort de l'assuré, plus il approche du terme de sa carrière, plus les assureurs ont de risque à courir.

Au lieu de payer, sa vie durant, une prime annuelle, l'assuré peut s'affranchir de cette charge en consentant à acquitter une prime plus forte pendant 10, 15, 20 ans, ou tout autre nombre d'années.

Un homme qui contracte une assurance dans la force de l'âge, et que les revenus de sa profession ou que les produits de son industrie mettent à même de s'imposer un semblable sacrifice, préférera, pour le payement de ses primes, ce mode de libération.

L'annuité, tout importante qu'elle est, lui paraîtra moins onéreuse, à cette époque de la vie, où les forces sont plus grandes, où l'on travaille avec plus d'activité qu'une prime moins forte, il est vrai, mais qu'il devrait payer pendant sa vie entière, alors même que l'âge ne lui permettrait plus de se créer les mêmes ressources.

(Voir le tableau ci-après.)

Prime annuelle à payer pendant 10, 15, ou 20 ans pour chaque somme de 100 fr. exigible au décès :

AGES.	PRIME pendant 10 années.	PRIME pendant 15 années.	PRIME pendant 20 années.
21	4 f. 35 c.	3 f. 28 c.	2 f. 76 c.
22	4 43	3 33	2 81
23	4 51	3 39	2 86
24	4 59	3 45	2 91
25	4 66	3 51	2 97
26	4 74	3 58	3 02
27	4 82	3 64	3 08
28	4 90	3 70	3 13
29	4 98	3 76	3 19
30	5 06	3 83	3 24
31	5 16	3 91	3 31
32	5 23	3 96	3 37
33	5 32	4 04	3 43
34	5 42	4 11	3 50
35	5 51	4 19	3 57

AGES.	Prime pendant 10 années.		Prime pendant 15 années.		Prime pendant 20 années.	
36	5 f.	61 c.	4 f.	26 c.	3 f.	64 c.
37	5	71	4	35	3	71
38	5	82	4	43	3	79
39	5	93	4	52	3	88
40	6	04	4	62	3	96
41	6	16	4	72	4	06
42	6	28	4	82	4	15
43	6	41	4	93	4	26
44	6	55	5	04	4	37
45	6	69	5	16	4	48
46	6	83	5	29	4	60
47	6	98	5	42	4	73
48	7	14	5	56	4	87
49	7	31	5	71	5	02
50	7	48	5	86	5	17
51	7	66	6	03	5	34
52	7	85	6	20	5	51
53	8	04	6	38	5	70
54	8	25	6	57	5	89
55	8	46	6	78	6	10
56	8	69	6	99	6	33
57	8	92	7	22	6	57
58	9	17	7	47	6	83
59	9	42	7	72	7	10
60	9	70	8		7	40

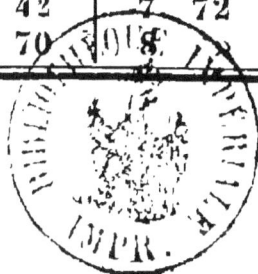

2

CHAPITRE III.

ASSURANCES TEMPORAIRES.

Dans ce genre de contrat, la Compagnie s'engage à payer une somme au décès de l'*assuré*, si ce décès a lieu dans l'intervalle déterminé d'un an, cinq ans, dix ans, ou de tout autre nombre d'années.

Si cette *assurance* est faite pour dix années, par exemple, et que, la dixième année expirée, l'*assuré* soit vivant, la Compagnie est libérée de son engagement, et les primes qu'elle a reçues lui demeurent acquises en echange du risque qu'elle a couru.

Un homme laborieux, qui exerce une profession lucrative ou qui est à la tête d'une entreprise avantageuse, se croit certain d'acquérir dans un temps donné, dans dix ans, par exemple, le capital nécessaire pour mettre sa famille à l'abri du besoin. Mais si la mort venait à le surprendre, il perdrait le fruit de ses travaux, et laisserait peut-être sa veuve, ses enfants dans une situation précaire. Pour prévenir ce malheur, il a recours à une *assurance temporaire*.

EXEMPLE.

Un homme âgé de 40 ans fait assurer sur sa vie une somme de 50,000 francs pour dix ans; il paie une prime annuelle de 1,060 francs. S'il survit à cet espace de temps, il aura dépensé sans profit, il est vrai, une certaine somme; mais, au bout de ces dix années, il aura sans doute réalisé ses espérances. S'il meurt, au contraire, pendant cette même période, il laissera à ses héritiers le bénéfice de son assurance, c'est-à-dire 50.000 fr. achetés par un payement en primes qui n'aura pu excéder de 9 à 10,000 fr.

Moins coûteuse que l'assurance pour *la vie entière*, l'assurance *temporaire* facilite un grand nombre de transactions et principalement les emprunts; car elle présente au prêteur, ainsi que nous l'expliquerons plus tard, un moyen certain d'être remboursé de son débiteur, si celui-ci meurt avant de s'être libéré.

(Voir le tableau ci-après.)

*Prime annuelle à payer pour chaque somme de
100 fr., exigible si le décès survient dans le
cours de 1 an, 5 ans ou 10 ans.*

AGES.	POUR 1 AN.	POUR 5 ANS.	POUR 10 ANS.
21	1 f 22 c.	1 f. 30 c.	1 f. 37 c.
22	1 26	1 34	1 41
23	1 30	1 37	1 45
24	1 34	1 41	1 48
25	1 38	1 45	1 52
26	1 42	1 48	1 55
27	1 46	1 51	1 58
28	1 48	1 54	1 61
29	1 52	1 58	1 64
30	1 55	1 61	1 68
31	1 58	1 64	1 71
32	1 61	1 67	1 75
33	1 64	1 70	1 78
34	1 67	1 74	1 82
35	1 71	1 77	1 86

AGES.	POUR 1 AN.	POUR 5 ANS.	POUR 10 ANS.
36	1 f. 74 c.	1 f. 81 c.	1 f. 91 c.
37	1 77	1 85	1 95
38	1 81	1 89	2 01
39	1 85	1 94	2 06
40	1 89	1 99	2 12
41	1 94	2 04	2 19
42	1 99	2 10	2 26
43	2 04	2 16	2 34
44	2 10	2 23	2 43
45	2 16	2 31	2 53
46	2 24	2 40	2 63
47	2 31	2 49	2 75
48	2 40	2 59	2 87
49	2 49	2 70	3 01
50	2 60	2 82	3 15
51	2 71	2 96	3 31
52	2 83	3 10	3 49
53	2 96	3 26	3 68
54	3 11	3 43	3 88
55	3 27	3 62	4 10
56	3 44	3 82	4 34
57	3 63	4 04	4 60
58	3 84	4 28	4 88
59	4 06	4 54	5 18
60	4 30	4 82	5 50

CHAPITRE IV.

ASSURANCES DE SURVIE.

Dans cette espèce de contrat, la Compagnie s'engage à payer un capital ou à servir une rente à une personne désignée, mais seulement dans le cas où cette personne, qui doit avoir le bénéfice de l'assurance, survivrait à l'assuré.

EXEMPLE.

L... veut laisser à sa femme, s'il venait à mourir avant elle et afin de lui garantir une existence indépendante, une somme de 20,000 fr., ou bien une rente viagère de 1,500 fr. Il est âgé de 40 ans et sa femme de 30 ans. Il aura à payer, dans le *premier cas*, une prime annuelle de 580 fr., et, dans le *deuxième*. une prime de 537 fr. par an.
Si Mme L... meurt la première, la prime n'est plus exigible, et toute obligation cesse de part et d'autre.

L'*Assurance de survie* présente au plus haut degré le caractère de moralité qui distingue les assurances sur la vie.
Beaucoup d'hommes nourrissent par leur travail de vieux parents, une sœur, un frère incapables de pourvoir à leurs besoins. Mais ils peuvent craindre que ces tendres objets

de leur affection ne soient, à leur mort, privés de toutes ressources. Une assurance de survie écartera ce danger et répondra à leur sollicitude.

Quel plus noble emploi un fils peut-il faire de ses économies, que de contracter, au profit de sa vieille mère, une *assurance de survie?* De quelle triste pensée ne sera-t-il pas délivré? Il a 30 ans, et sa mère est parvenue à sa 60e année; eh bien! qu'il paye annuellement une prime de 116 fr., et il garantira à sa mère, pour le cas où il mourrait avant elle, une rente viagère de 1,000 francs.

On verra par les deux tarifs qui suivent que les primes à payer sont très-réduites quand la personne qui doit profiter de l'assurance est plus âgée que la personne dont la vie est assurée.

Prime annuelle à payer pour chaque somme de 100 fr. exigible au décès de l'assuré, en cas de survie d'une personne désignée :

AGE du survivant	AGE de l'assuré.	PRIME unique.	PRIME annuelle.
10 ans.	30	30 f. 69 c.	2 f. 19 c.
	40	38 58	3 02
	50	48 37	4 39
	60	60 43	6 88
20 ans.	30	28 38	2 13
	40	36 18	2 95
	50	45 98	4 31
	60	58 17	6 80
30 ans.	30	26 57	2 09
	40	31 25	2 90
	50	44 21	4 27
	60	56 68	6 77
40 ans.	30	22 56	1 91
	40	29 81	2 69
	50	40 03	4 05
	60	53 32	6 57
50 ans.	30	18 41	1 78
	40	24 45	2 47
	50	33 99	3 77
	60	47 75	6 29
60 ans.	30	13 85	1 66
	40	18 24	2 25
	50	25 88	3 41
	60	38 70	5 82

Prime annuelle à payer pour chaque 100 fr. de rente exigibles au décès de l'assuré, sur la tête d'un survivant désigné.

AGE du survivant	AGE de l'assuré.	PRIME unique.		PRIME annuelle.	
10 ans.	30	488 f.	86 c.	34 f.	93 c.
	40	610	25	47	75
	50	785	89	71	29
	60	1,010	09	115	02
20 ans.	30	408	86	30	61
	40	516	67	42	09
	50	678	09	63	60
	60	888	83	103	90
30 ans.	30	330	62	25	99
	40	422	30	35	79
	50	567	87	54	90
	60	763	50	91	49
40 ans.	30	248	75	21	07
	40	319	02	28	75
	50	440	47	44	58
	60	617	40	76	11
50 ans.	30	167	37	16	17
	40	213	51	21	61
	50	300	96	33	42
	60	442	33	58	26
60 ans.	30	97	50	11	65
	40	123	01	15	16
	50	174	90	23	04
	60	269	12	40	47

L'assurance, au lieu d'être payable au survivant désigné seulement, peut être faite au profit du survivant quel qu'il soit. Dans ce cas, aussitôt que l'un des deux assurés vient à mourir, l'autre hérite soit du capital, soit de la rente stipulée dans le contrat.

EXEMPLE.

Deux époux âgés, le mari de 30 ans, la femme de 20 ans, demandent qu'au premier décès le survivant reçoive une somme de 10.000 fr ou jouisse d'une rente de 600 fr La Compagnie s'y engagera moyennant une prime annuelle de 378 fr. dans le premier cas, ou de 304 fr dans le second.

Cette prime cessera d'être due aussitôt que l'assurance sera devenue exigible.

CHAPITRE V.

ASSURANCE SUR DEUX TÊTES.

On nomme ainsi une assurance dans laquelle la somme assurée n'est exigible qu'après le décès de deux personnes.

La prime, au choix des contractants, est payable jusqu'au premier décès seulement, ou jusqu'au terme de l'assurance.

EXEMPLE.

Un mari âgé de 40 ans, et sa femme âgée de 30 ans, demandent qu'une somme de 20,000 fr. soit payée après leur mort aux enfants issus de leur mariage. Ils obtiendront cette garantie en s'engageant à payer une prime annuelle de 508 fr. pendant la vie commune, ou bien une prime de 321 fr. seulement jusqu'au décès du dernier vivant.

Prime annuelle à payer pour chaque somme de 100 fr., exigible après le décès de deux personnes.

AGE de l'une.	AGE de l'autre.	PRIME ANNUELLE	
		pendant la vie commune	jusqu'au d⁻ décès.
20 ans.	20 ans.	1 49	1 01
	30	1 76	1 17
	40	2 13	1 35
	50	2 70	1 53
	60	3 63	1 71
30 ans.	30	2 10	1 38
	40	2 54	1 62
	50	3 21	1 88
	60	4 30	2 12
40 ans.	40	3 07	1 95
	50	3 88	2 33
	60	5 17	2 70
50 ans.	50	4 87	2 92
	60	6 45	3 56
60 ans.	60	8 40	4 64

CHAPITRE VI.

APPLICATIONS DIVERSES DES ASSURANCES EXIGIBLES AU DÉCÈS.

Après avoir exposé dans les Chapitres précédents les diverses espèces d'assurances réalisables en cas de décès, examinons quelles sont les classes de la société auxquelles ces opérations conviennent le mieux.

NÉGOCIANTS. — FABRICANTS.

Le négociant ou fabricant dont la fortune n'est pas encore faite ou se trouve engagée dans des opérations à long terme, doit réfléchir à la gêne dans laquelle il laisserait sa famille s'il venait à mourir prématurément. En contractant une assurance sur sa vie, il est certain que si ce malheur lui arrive, sa veuve, ses enfants pourront attendre sans embarras la liquidation de ses affaires.

Souvent, un commerçant est obligé de se rendre à l'Etranger pour opérer des recouvrements ou établir de nouvelles relations. Ces voyages lointains ne sont pas sans danger pour la santé. Cependant, les Compagnies d'assurances laissent à leurs assurés la faculté de parcourir toute l'Europe, de se rendre d'un port à l'autre du continent, d'aller même en **Algérie** et d'y séjourner, sans demander aucun supplément de prime.

MARINS. — VOYAGES DE LONG-COURS.

Le marin ou le particulier qui entreprend un voyage de long-cours, avant de s'exposer aux dangers de la navigation ou à l'insalubrité d'un climat nouveau pour lui, songera que sa mort peut laisser sans moyens d'existence une famille entière. Aussi, dans sa prudence, n'exposera-t-il pas ses jours sans avoir fait une *assurance sur sa vie* ; en d'autres termes, sans avoir obtenu la certitude que, s'il vient à périr, sa perte n'entraînera pas la ruine de ses enfants.

Il est facile de comprendre que ces assurances ne peuvent être contractées aux conditions ordinaires et que les assurés doivent, pendant leur absence, payer un supplément de prime proportionné aux dangers auxquels ils s'exposent.

AVOCATS, MÉDECINS, HOMMES DE LETTRES, ARTISTES, ETC.

Combien d'avocats, de médecins, d'artistes, d'écrivains, gagnent chaque année des sommes souvent élevées qu'ils dépensent en entier, sans penser à en consacrer une faible partie à une assurance dont une veuve, des en-

fants profiteraient un jour! Ils oublient donc
la fragilité de notre vie; ils ne calculent donc
pas que leur talent est une valeur qui, à leur
mort, échappe sans retour à leur famille; ils
ne vivent donc que pour eux sans songer à
ceux qui leur doivent survivre! Aussi que de
familles, après avoir vécu honorablement,
déchoient du rang qu'elles occupaient; combien d'autres, plus malheureuses encore,
tombent dans la gêne, dans la misère même,
alors qu'elles perdent leur chef, et cela parce
que celui-ci n'a pas su prévenir pour les
siens, par une *assurance sur la vie*, cette misère et cette gêne.

PROPRIÉTAIRES. — CAPITALISTES.

Les assurances sur la vie ne sont pas inu-
tiles même aux propriétaires, aux capitalistes.
Veulent-ils récompenser d'anciens servi-
teurs, faire des legs à des personnes qui leur
sont chères, et cela sans nuire à leurs héritiers? veulent-ils encore doter un hôpital, une
église. un établissement de charité, un corps
scientifique, il leur suffit de contracter une
assurance sur leur vie et de payer une prime
qui se confond dans leurs dépenses annuelles.
Ils créeront ainsi, en dehors de leur succession, un capital destiné à remplir leurs vues
généreuses.

FONCTIONNAIRES — EMPLOYÉS —
PENSIONNAIRES.

Les personnes qui vivent du produit d'une place, comme les fonctionnaires publics, les employés en activité; — d'une pension ou d'une rente viagère, comme les employés en retraite et les pensionnaires de l'État, sont loin de penser, en général, que, moyennant un faible sacrifice annuel, ils peuvent laisser à leur mort un capital qui serait souvent pour leur famille une ressource importante.

C'est à chacun à calculer le prélèvement qu'il peut faire sur ses appointements ou sur la rente dont il jouit; car les Compagnies admettent les assurances les plus modiques comme les plus importantes. Tel fonctionnaire peut faire assurer sur sa tête une somme de 50 à 100,000 fr., tandis qu'une assurance de 5 à 10,000 fr. suffira à un simple employé.

Dans le service actif des douanes et des chemins de fer, les employés sont plus exposés que dans toute autre carrière à des accidents qui mettent leur vie en péril; ils ont donc un intérêt plus pressant à contracter une assurance. Cependant, les Compagnies ne demandent pas une prime plus élevée pour cette classe d'assurés.

Les employés des administrations publiques, les officiers de tous grades, savent combien est modique la pension que la loi accorde à leur veuve et à leurs enfants, et souvent il leur manque, pour laisser des droits à cette pension, quelques années de service S'ils meurent alors, leur famille tombe dans l'état le plus précaire, obligée de solliciter longtemps un secours insignifiant. Ils ont donc un grand intérêt à recourir à une assurance.

OUVRIERS. — JOURNALIERS.

Souvent, à la mort d'un ouvrier, sa famille est plongée dans la plus affreuse détresse et obligée, pour vivre, d'implorer la charité publique. Les ouvriers sages et laborieux accompliront donc un devoir et feront une bonne action, en épargnant chaque mois quelques francs pour assurer du pain à leurs veuves et aux enfants qu'ils pourraient laisser orphelins.

Moyennant une prime annuelle de 25 fr., un ouvrier, âgé de 30 ans, peut assurer *mille francs* à son décès. De quelle ressource cette petite somme ne sera-t elle pas, lorsqu'il s'agira de payer les frais de maladie, d'inhumation, enfin de subvenir, dans les moments toujours si pénibles qui suivent un tel événement, à l'existence des survivants! Dans combien de circonstances ce secours n'aurait-il pas suffi pour conserver honnêtes et labo-

rieuses des familles que la misère à quelque-
fois plongées dans le déshonneur !

CHAPITRE VII.

APPLICATIONS DIVERSES DES ASSURANCES.

(*Suite.*)

Dans les exemples qui précèdent, les assurances ne profitent pas directement à l'assuré;
il n'en retire aucun bénéfice pour lui-même,
et il n'y trouve que la satisfaction qu'inspire
l'accomplissement d'un devoir.

Il arrive souvent aussi que le contrat d'assurance rend à l'assuré un service personnel,
quoique ce soit un tiers qui en recueille les
fruits, c'est-à-dire qui touche la somme assurée.

ACQUISITION DE CHARGES.

Un jeune homme veut acquérir une charg-
de notaire, d'avoué ou tout autre office mie
nistériel. Il offre des garanties par son intelligence et sa moralité; mais il n'a pas de
fortune et il a besoin de recourir à un emprunt. S'il vit assez longtemps, il le remboursera sur les bénéfices de son étude; mais, s'il
meurt, il ne laissera d'autre ressource que la
charge, qu'il faudra peut-être revendre à
perte. Il obviera à cette difficulté en contrac-

tant, au profit d'un capitaliste qui lui aura fait des avances, une assurance de 5 ou 10 ans ; il pourra même s'assurer pour la vie entière en stipulant que, lorsqu'il se sera libéré, le contrat d'assurance lui reviendra et profitera à sa famille.

ENTREPRISES COMMERCIALES, — INDUSTRIELLES.

Les considérations qui précèdent reçoivent encore leur application quand un fabricant a besoin de fonds pour donner un nouvel essor à son industrie, quand l'auteur d'une découverte veut réaliser son invention. Un capitaliste hésite à leur confier les sommes nécessaires, dans la crainte que la mort n'enlève l'homme sur lequel repose tout le succès. Que celui-ci contracte une assurance sur sa vie, et s'il succombe avant le terme de l'opération, le prêteur sera couvert de ses avances.

EXPÉDITION MARITIME.

Un armateur confie au capitaine d'un de ses navires la direction commerciale d'une expédition, la vente d'une cargaison, par exemple, dans une colonie lointaine. Si le capitaine meurt, pendant le cours de son voyage, avant d'avoir achevé sa mission, l'armateur n'est-il pas exposé à perdre, soit ses bénéfices, soit même une partie de ses capitaux? Pour être indémnisé de cette perte éventuelle, il peut faire une assurance à son profit sur la vie de celui qu'il aura chargé de ses intérêts, et cette assurance l'indemnisera de la perte que la mort de son mandataire pourrait lui faire subir.

CRÉANCES ARRIÉRÉES.

Êtes-vous créancier d'un débiteur qui soit dans l'impossibilité de rembourser une somme de quelque importance que vous lui aurez prêtée, mais qui puisse au moins acquitter annuellement une prime d'assurance? Faites appel à sa loyauté; demandez-lui de souscrire à votre profit un contrat d'assurance, de telle sorte que, grâce à ce titre, vous rentriez, à sa mort, dans le montant de votre créance. Un homme âgé de 35 ans, qui devrait 20,000 fr., assurerait à son créancier le remboursement de cette somme en consentant à payer annuellement une prime de 566 fr. S'il peut s'imposer ce sacrifice et s'il est de bonne foi, hésitera-t-il à se libérer ainsi?

ACHAT DE RENTES VIAGÈRES OU D'USUFRUITS.

Au moyen d'une assurance, on peut faire un placement solide et avantageux en achetant une rente viagère ou un usufruit.

EXEMPLE.

B..., âgé de 45 ans, est possesseur d'une rente viagère de 1,200 fr. Il a besoin d'un capital et il est disposé à céder sa rente au prix de 12,000 francs. Il trouvera facilement un acquéreur, si celui-ci ne court pas la chance de perdre ses débaursés. Une assurance sur la vie rendra l'opération sûre et avantageuse. En effet, l'acquéreur, en souscrivant une assurance de 12,000 francs sur la tête de B..., payera une prime annuelle de 464 fr., et il jouira encore d'un revenu net de 736 fr., soit un peu plus de 6 % pendant toute l'existence de B... A la mort de celui-ci, il rentrera dans sa créance.

REPRISES DOTALES.

On sait que les parents de la femme, si elle vient à mourir sans survenance d'enfants, peuvent réclamer au mari la dot qu'il a reçue, et exercer, comme on dit, des reprises dotales Le mari a donc intérêt lorsque, après quelques années de mariage, il n'a pas eu d'enfants, à faire à son profit une assurance sur la vie de sa femme. Il évitera ainsi, dans le cas où il lui survivrait, des discussions toujours pénibles et même des embarras sérieux. si la dot était engagée dans des affaires de longue durée.

CHAPITRE VIII.

DES ASSURANCES MIXTES ET A TERME FIXE.

Ces opérations participent à la fois des assurances exigibles au décès des assurés et de celles réalisables de leur vivant.

Dans les assurances *mixtes*, le capital garanti est payable à l'assuré, s'il est vivant à une époque, déterminée d'avance; s'il meurt avant cette époque, le capital est payé immédiatement à ses héritiers, et la Compagnie n'a plus de primes à recevoir.

Dans les assurances *à terme fixe*, le capital est exigible à une époque fixée d'avance, que l'assuré soit vivant alors ou qu'il ait cessé de vivre. Dans ce dernier cas, la prime est moins élevée que dans le précédent, et le décès de l'assuré libère sa succession de toute charge.

Peu d'explications suffisent pour faire comprendre l'utilité de ces combinaisons.

Un père veut assurer après lui un capital à ses enfants, mais il éprouve le désir bien naturel de le toucher lui-même à une certaine époque; il atteint ce double but par l'une ou l'autre des opérations indiquées. S'il meurt avant le terme de l'assurance, peu de temps même après sa conclusion, il n'aura payé qu'une somme fort modique, et néanmoins, il laissera à sa famille le capital assuré tout entier, capital qui sera payé selon qu'il aura été stipulé, soit immédiatement, soit à l'époque fixée. Si, au contraire, l'assuré prolonge son existence jusqu'au terme convenu, il touchera lui-même le capital garanti.

EXEMPLE.

Un homme âgé de 30 ans. contracte pour un terme de 20 ans et pour un capital de fr. 10,000; il aura à verser annuellement 371 francs, si le capital n'est exigible en tous cas que dans 20 ans; il aura à payer 435 francs, s'il veut que ce capital soit exigible aussitôt son décès. Dans les deux cas, il touchera lui-même cette somme de 10,000 francs, s'il est vivant à 50 ans.

Une opération de ce genre convient au père de famille qui a plusieurs enfants en bas âge; il obtient ainsi la certitude de toucher à l'époque de leur établissement, ou de leur laisser, s'il a cessé d'exister. le capital dont il veut les doter; la mort d'un ou de plusieurs de ses enfants ne change rien aux conditions de l'assurance, et les survivants hériteront de la part des décédés.

Le célibataire peut également trouver à sa convenance cette sorte d'opération. S'il vient à se marier, il se sera préparé ainsi des ressources pour lui et les siens. Si, au contraire, il reste célibataire, il profitera seul du capital assuré qu'il réalisera à l'époque fixée par son contrat, ou qu'il transformera en une rente viagère pour ses vieux jours. En cas de décès avant le terme convenu, la somme assurée ne sera pas perdue, et il pourra en disposer en faveur de sa famille ou de telle personne qu'il affectionne qu'il aura désignée.

ASSURANCES A TERME FIXE.

Prime annuelle d'une Assurance de 100 francs payable après un certain nombre d'années, soit à l'assuré, soit à ses héritiers.

AGE DE l'assuré.	APRÈS 10 ans.		APRÈS 15 ans.		APRÈS 20 ans.		APRÈS 25 ans.		APRÈS 30 ans.		APRÈS 35 ans.	
25	8	51	5	27	3	66	2	70	2	07	1	62
30	8	57	5	33	3	71	2	75	2	12	1	66
35	8	63	5	38	3	77	2	81	2	17	»	»
40	8	71	5	47	3	86	2	90	»	»	»	»
45	8	83	5	61	4	00	»	»	»	»	»	»
50	9	03	6	82	»	»	»	»	»	»	»	»
55	9	35	»	»	»	»	»	»	»	»	»	»

ASSURANCES MIXTES.

Prime annuelle d'une Assurance de 100 francs payable à l'assuré après un certain nombre d'années, ou immédiatement à ses héritiers, en cas de prédécès.

AGE DE l'assuré.	APRÈS 10 ans.		APRÈS 15 ans.		APRÈS 20 ans.		APRÈS 25 ans.		APRÈS 30 ans.		APRÈS 35 ans.	
25	8	81	5	71	4	23	3	41	2	91	2	60
30	8	90	5	81	4	35	3	55	3	07	2	79
35	9	00	5	93	4	49	3	72	3	29	»	»
40	9	13	6	40	4	71	3	98	»	»	»	»
45	9	33	6	36	5	04	»	»	»	»	»	»
50	9	63	6	77	»	»	»	»	»	»	»	»
55	10	15	»	»	»	»	»	»	»	»	»	»

CHAPITRE IX.

DES ASSURANCES EXIGIBLES DU VIVANT DES ASSURÉS.

Observations préliminaires.

De toutes les opérations de ce genre, la plus connue est la constitution de *rentes viagères*. Le rentier, faisant l'abandon complet du capital qu'il possède, obtient pendant sa vie un intérêt plus élevé que s'il faisait valoir le même capital en en conservant la propriété.

Ces transactions se font fréquemment entre particuliers. Examinons s'il n'est pas plus avantageux pour les rentiers de s'adresser à une Compagnie bien organisée, telle que la Compagnie de l'UNION.

On croit généralement qu'une hypothèque (1) est la meilleure garantie pour une opération de cette nature. Toutefois, si l'on ne peut mettre en doute qu'une hypothèque en ordre utile sur une propriété importante

(1) L'hypothèque est un droit réel sur les immeubles affectés à l'acquittement d'une obligation (Code Napoléon, art. 2114).

ne soit une grande sûreté pour celui qui place
ses fonds sur un particulier, cette garantie
n'est-elle pas trop souvent illusoire? Tantôt
c'est une hypothèque antérieure ou une de
ces hypothèques créées par la loi elle-même,
sans qu'elles aient besoin de se révéler par
un acte apparent, qui viennent absorber le
gage du rentier; tantôt c'est la propriété qui
se détériore et qui devient insuffisante pour
assurer la solidité du placement. Admettons
même que l'hypothèque soit valablement as-
sise; qui répondra au rentier viager de la
solvabilité, de la bonne foi de son débiteur?
Frustré dans ses droits, dira-t-on, il aura
la ressource d'une expropriation; triste ressource, en vérité, que celle qui se traduit en
frais à avancer, en temps à perdre ! Le rentier sera-t-il d'ailleurs en mesure de faire face
à ces frais? Pourra-t-il supporter la privation
de son revenu jusqu'à l'issue d'une longue
action judiciaire? Ces débats, ces contesta-
tions, troubleront en tout cas, la vie paisible
que recherchent, avant tout, les rentiers via-
gers.

Ils n'ont rien de semblable à craindre en
traitant avec la Compagnie l'Union. Ses engagements sont garantis par un capital considérable fourni par ses actionnaires. Les
sommes qu'elle reçoit sont placées, conformément à ses statuts, en immeubles ou en
valeurs garanties par l'Etat, et deviennent

le gage du rentier. Les comptes qu'elle rend chaque année mettent sa gestion sous les yeux du public et démontrent que sa situation est des plus prospères et mérite toute confiance.

Le rentier qui s'adresse à des particuliers, obligé de débattre le taux de l'intérêt, obtient rarement des conditions en rapport avec son âge. La Compagnie a des tarifs où le taux de l'intérêt est indiqué pour chaque année de la vie conformément aux lois de la mortalité.

L'exactitude dans le payement des intérêts est, après la solidité du placement, une condition essentielle. Le service des rentes constituées par la Compagnie n'est sujet à aucune interruption, à aucun retard. Celui qui consent, au contraire, à hypothéquer sa propriété pour contracter un emprunt, est souvent obéré, et il n'est pas toujours en état de servir régulièrement aux échéances, les termes qu'il doit acquitter.

Enfin, on ne peut nier que le rentier viager n'éprouve un sentiment pénible à contracter avec une personne pour laquelle son existence est une charge onéreuse, et qui lui reprochera en quelque sorte chaque année nouvelle qui s'ajoutera à sa vie. En traitant avec une Compagnie, le rentier est affranchi de cette pensée. La Compagnie, n'opérant que sur des masses, ne connaissant pas même ses rentiers, attend patiemment que les lois de la nature s'accomplissent. Péu lúi importe que certains d'entre eux jouissent d'une plus longue vie, puisque la mort prématurée d'autres compensera cette chance défavorable.

En résumé, les capitalistes feront bien de donner la préférence à la Compagnie pour les placements en viager qu'ils veulent faire.

CHAPITRE X.

DES RENTES VIAGÈRES A JOUISSANCE IMMÉDIATE

Dans les simples constitutions de rentes viagères, le rentier place un capital pour jouir d'une rente qui commence à courir du jour du placement.

Le taux de la rente est fixé d'après l'âge du rentier à l'époque du placement, et il est invariable pendant toute sa durée.

En droit, les arrérages sont dus jusqu'au jour du décès; c'est-à-dire qu'à l'époque de la mort du rentier, il revient à ses héritiers une fraction de la rente proportionnée au nombre de jours qu'il a vécu depuis le dernier terme. Le rentier peut faire abandon de ces arrérages, et il obtient en échange une petite augmentation d'intérêt. L'usage a prévalu d'opérer ainsi, et c'est dans cette hypothèse qu'a été calculé le tableau ci-après :

AGE du rentier	RENTE ANNUELLE POUR 100 F. PAYABLE PAR		AGE du rentier	RENTE ANNUELLE POUR 100 F. PAYABLE PAR	
	trimestre	semestre		trimestre	semestre
ans.	fr. c.	fr. c.	ans.	fr. c.	fr. c.
41	6 49	6 60	61	9 92	10 10
42	6 62	6 72	62	10 11	10 30
43	6 71	6 81	63	10 31	10 50
44	6 83	6 93	64	10 56	10 75
45	6 96	7 06	65	10 80	11 00
46	7 11	7 21	66	11 08	11 28
47	7 24	7 35	67	11 31	11 53
48	7 39	7 50	68	11 60	11 83
49	7 55	7 66	69	11 81	12 05
50	7 69	7 82	70	12 07	12 32
51	7 86	7 99	71	12 32	12 57
52	8 03	8 16	72	12 54	12 82
53	8 21	8 34	73	12 80	13 08
54	8 41	8 54	74	13 03	13 32
55	8 60	8 75	75	13 30	13 59
56	8 81	8 96	76	13 55	13 85
57	9 07	9 21	77	13 79	14 11
58	9 27	9 43	78	14 07	14 40
59	9 48	9 64	79	14 37	14 72
60	9 68	9 86	80	14 80	15 16

L'expérience ayant démontré que, dans les âges avancés, la mortalité des hommes est plus rapide que celle des femmes, la Compagnie de l'UNION accorde aux rentiers du sexe masculin, à dater de l'âge de 65 ans, un intérêt supérieur à celui indiqué au tableau qui précède. Cet intérêt, pour une rente semestrielle, est de :

13 p. 100 à 70 ans.
15   — à 75 »
17 50 — à 80 »

DES RENTES SUR DEUX TÊTES.

La rente viagère peut être constituée sur deux têtes; dans ce cas, elle revient soit en totalité, soit en partie, suivant la stipulation faite avec la Compagnie, à celui des deux rentiers qui survit à l'autre.

On conçoit que le taux d'une rente reversible en totalité au profit du survivant est plus faible que celui d'une rente égale qui serait constituée sur la tête la plus jeune. Encore bien que dans l'ordre de la nature, le plus âgé doive mourir le premier, cependant il peut survivre au plus jeune, et la Compagnie doit être dédommagée de cette chance par une diminution d'intérêt.

Ces opérations conviennent aux époux sans enfants, à deux frères ou sœurs, à deux amis qui veulent achever leurs jours ensemble, etc.

TARIF des Rentes viagères sur deux têtes, payables par semestre jusqu'au dernier décès et sans arrérages à la mort du survivant.

AGE d'un rentier.	AGE de l'autre.	RENTE pour un placement de 100 f.	AGE d'un rentier.	AGE de l'autre.	RENTE pour un placement de 100 f.	AGE d'un rentier.	AGE de l'autre.	RENTE pour un placement de 100 f.
		fr. c.			fr. c.			fr. c.
50	50	6 38	55	70	7 80	65	70	9 36
	55	6 66		75	8 34		75	9 89
	60	6 92		80	8 52		80	10 28
	63	7 17	60	60	7 90	70	70	9 97
	70	7 40		63	8 44		75	10 68
	73	7 57		70	8 92		80	11 21
	80	7 68		73	9 27	75	75	11 53
55	55	7 03		80	9 55		80	12 37
	60	7 39	65	63	8 80			
	63	7 76						

Lorsque la rente n'est reversible que pour partie, voici comment on doit la calculer:

EXEMPLE.

Deux époux âgés, l'un de 60 ans, l'autre de 50 ans, veulent obtenir une rente de 1.200 fr. reversible pour 800 fr. seulement au survivant.

En analysant l'opération, on reconnaîtra qu'elle revient à constituer :

1° Une rente de 400 fr. sur une tête de 60 ans.
2°   —   400 fr.   —   50 »
3°   —   400 fr. sur les deux têtes.

La 1re coûtera, d'après la table, page 45   4,055 fr.
La 2e   —   d'après la même table   5,116
La 3e   —   d'après le taux indiqué
                     d'autre part   5,772

Au total,   14,943 fr.

CHAPITRE XI.

RENTES VIAGÈRES DIFFÉRÉES.

La *rente viagère différée* est celle qui est constituée de telle sorte que la jouissance n'en commence qu'après un certain nombre d'années.

Une personne âgée de moins de 60 ans trouve souvent insuffisant le taux de l'intérêt attribué à son âge; elle souhaite un revenu supérieur à celui que la Compagnie lui payerait immédiatement aux termes de ses tarifs. Pour obtenir de son capital l'intérêt qu'elle désire, il suffit à cette personne de se priver de sa rente pendant un petit nombre d'années.

EXEMPLE.

L......, âgé de 42 ans, veut placer 10,000 francs en rente viagère. Cette rente ne serait que de 672 fr. par an, s'il entrait de suite en jouissance. S'il renonce, au contraire, pendant trois années seulement, à recevoir son revenu, la rente montera à 820 francs; elle atteindra le chiffre de 945 francs, s'il consent à attendre 5 années.

Taux de la rente viagère que l'on obtient en différant d'un certain nombre d'années l'entrée en jouissance.

AGE actuel du RENTIER.	RENTE QUE PRODUIRONT 100 FR.				
	après un an.	après 2 ans.	après 3 ans.	après 4 ans.	après 5 ans.
41 ans.	7.03	7.51	8.05	8.62	9.24
42	7.15	7.65	8.20	8.79	9 45
43	7.28	7.80	8.36	8 99	9.66
44	7.42	7.95	8.55	9.19	9.91
45	7.57	8.13	8.74	9.42	10.17
46 ans.	7 73	8.31	8.96	9.67	10.43
47	7.89	8.51	9.18	9.90	10.72
48	8.08	8.72	9.40	10.18	11.04
49	8 26	8.90	9.64	10.46	11 31
50	8.43	9.13	9.91	10.71	11.61
51 ans.	8.64	9.37	10.18	11.08	12.06
52	8.84	9.56	10.45	11.38	12.44
53	9.01	9.86	10.73	11.73	12.82
54	9.29	10.12	11.06	12.09	13.19
55	9.52	10.41	11.37	12 41	13.57
56 ans.	9.78	10.69	11.66	12.75	13.95
57	10.05	10.96	11.99	13.11	14 32
58	10.28	11.24	12.29	13.42	14.69
59	10.53	11.51	12.57	13.76	15.06
60	10.78	11.77	12.88	14.17	15.59

Le rentier n'est pas tenu de déterminer d'avance l'époque à laquelle il veut entrer en jouissance. L'un attendra qu'il se marie, l'autre qu'il forme un établissement; celui-ci touchera sa rente parce qu'il tombera malade, celui-là parce qu'il manquera d'ouvrage. C'est donc toujours au moment qui lui paraîtra le plus convenable que le rentier profitera du placement qu'il a fait.

Les rentes différées peuvent être constituées à long terme, et, dans ce cas, elles s'acquièrent par le versement de primes annuelles aussi bien que par le paiement d'un capital. Le futur rentier n'est pas même astreint à des versements réguliers. Chaque somme qu'il place lui assure une petite rente, et au bout de quelques années, s'il veut entrer en jouissance, toutes ces portions de rentes réunies forment un certain revenu.

Nous ne saurions trop recommander ces placements à la classe si nombreuse des employés et à tous les fonctionnaires publics qui n'ont pas droit à une retraite. Ils ont ainsi la faculté de s'assurer, au moyen d'une sorte de retenue sur leurs appointements, une rente viagère pour leurs vieux jours,

Les ecclésiastiques peuvent, par ce même mode de placement, se créer des ressources précieuses pour l'époque où ils seront forcés par l'âge et les infirmités de se démettre de leurs fonctions, l'État cessant alors de pourvoir à leurs besoins.

EXEMPLE.

Un homme, âgé de 30 ans environ, qui économiserait 50 fr. par trimestre, et qui les verserait dans la caisse de la *Compagnie*, aurait droit, après vingt ans, à une rente de 554 fr ; — après trente années, cette rente s'élèverait à 1.600 fr., et il aurait, à 60 ans, des moyens d'existence assurés.

Le tableau suivant indique ce qu'il faut payer par année ou en un seul versement, pour obtenir une rente de 10 fr. après un certain nombre d'années.

AGE ACTUEL de l'assuré.	APRÈS 10 ANS		APRÈS 15 ANS		APRÈS 20 ANS		APRÈS 25 ANS	
	Prime unique.	Prime annuelle	Prime unique.	Prime annuelle	Prime unique.	Prime annuelle	Prime unique.	Prime annuelle
20	104. 42	12. 91	77. 74	7. 16	57. 03	4. 39	40. 89	2. 78
25	99. 48	12. 32	72. 97	6. 74	52. 31	4. 04	36. 32	2. 49
30	93. 62	11. 62	67. 12	6. 21	46. 60	3. 60	31. 07	2. 13
35	86. 37	10. 71	59. 97	5. 58	39. 99	3. 10	23. 31	4. 75
40	77. 07	9. 87	51. 39	4. 79	32. 53	2. 56	19. 11	1. 33
45	66. 04	8. 30	41. 81	3. 99	24. 56	2.	»	»
50	54. 46	7. 02	31. 99	3. 16	»	»	»	»
55	42. 99	5. 68	»	»	»	»	»	»

CHAPITRE XII.

ASSURANCE DE CAPITAUX DIFFÉRÉS.

Les Compagnies ne se bornent pas à garantir des *rentes viagères* ; elles s'engagent
aussi à payer un capital après un nombre
d'années fixé d'avance, si celui qui place
ou sur la tête duquel on place est vivant à
cette époque. La Compagnie devient ainsi
une sorte de Caisse d'épargne qui tient
compte à l'assuré non-seulement des intérêts
capitalisés, mais aussi des chances de mortalité qui augmentent la part des survivants
de celle des décédés.

Ces assurances présentent aux pères de
famille le moyen sûr et facile de pourvoir
à l'éducation de leurs enfants, à leur établissement ou à leur exonération du service
militaire.

De quels beaux rêves n'entoure-t-on pas
le berceau d'un nouveau-né? Quels projets
l'heureux père ne forme-t-il pas pour l'avenir
de son enfant? A peine celui-ci entre-t-il dans
la vie, on pense à son établissement, à sa dot, à
son exemption du service militaire. On se propose de mettre en réserve une somme dispo-
nible, de placer périodiquement quelques
économies; puis ces premières impressions
s'effacent; on ajourne, on finit par négliger

l'exécution de ces beaux plans, et quand l'âge du recrutement arrive, quand il faut doter une fille, créer à un jeune homme une position dans le monde, on s'impose des sacrifices souvent pénibles. Le père de famille sage et prudent échappera à cette destinée trop commune en demandant à une Compagnie, moyennant une prime annuelle, une somme exigible quand son enfant atteindra sa 18e année, par exemple, si c'est une fille, ou sa 21e année, si c'est un garçon.

Cette opération sera surtout avantageuse si on souscrit l'assurance dès le moment de la naissance de l'enfant.

EXEMPLES.

Un père s'engage, dès la naissance de son enfant, à payer annuellement une prime de 323 fr. Il lui assure une somme de 10,000 fr. payables à l'âge de 18 ans accomplis.

Il lui assure la même somme de 10,000 fr. pour l'âge de 20 ans ou de 21 ans accomplis, en payant, dans le premier cas, une prime annuelle de 276 fr. Dans le second cas, une prime annuelle de 256 fr.

Cette *assurance* peut être contractée aussi bien par le payement d'une *prime unique* que par l'engagement d'acquitter des *primes annuelles* Ainsi, en versant 3,007 fr. à la naissance d'un enfant, on lui assure 10,000 fr. pour l'âge de 18 ans. Cette même assurance, pour l'âge de 21 ans, ne coûtera que 2,602 fr.

AGE de L'ASSURÉ.	PRIMES ANNUELLES ASSURANT UN CAPITAL DE 100 FR. EXIGIBLE :			
	à 18 ans.	à 19 ans.	à 20 ans.	à 21 ans.
	fr.　c.	fr.　c.	fr.　c.	fr.　c.
Naissance.	3　23	2　98	2　76	2　56
1	3　62	3　33	3　07	2　83
2	3　99	3　66	3　36	3　10
3	4　40	4　02	3　68	3　38
4	4　87	4　43	4　04	3　70
5	5　41	4　89	4　44	4　05
6	6　03	5　42	4　90	4　45
7	6　76	6　04	5　42	4　90
8	7　64	6　77	6　04	5　42
9	8　72	7　64	6　77	6　04
10	10　06	8　71	7　64	6　76

Le père de famille qui veut contracter une assurance de cette nature peut être retenu par la crainte de perdre, si son enfant venait à mourir, les primes qu'il aurait versées. Il évitera cette perte par une opération qu'on appelle *contre-assurance*, et qui a pour objet de le faire rentrer dans ses déboursés en cas de mort de son enfant.

EXEMPLE.

M... a assuré, moyennant une prime annuelle de 307 fr., un capital de 10,000 fr., exigible si sa fille, âgée de 1 an, existe à l'âge de 20 ans. En payant une surprime de 90 fr. pendant cinq ans seulement, il aura la certitude que si son enfant meurt avant le terme de l'assurance, la Compagnie lui remboursera le montant de toutes les primes qu'il aura payées jusqu'au jour du décès.

L'assurance différée ne sert pas seulement à doter des enfants, elle permet aussi à l'homme mûr de placer ses épargnes de manière à obtenir un capital pour un âge avancé.

Le tableau ci-après indique ce qu'un homme âgé de 20 à 55 ans doit payer annuellement ou en une seule fois, pour obtenir un capital de 100 fr. après un certain nombre d'années :

AGE ACTUEL de l'assuré.	APRÈS 10 ANS.		APRÈS 15 ANS.		APRÈS 20 ANS.		APRÈS 25 ANS.	
	Prime unique.	Prime annuelle	Prime unique.	Prime annuelle	Prime unique.	Prime annuelle	Prime unique.	Prime annuelle
20	60. 91	7. 53	47. 34	4. 36	36. 83	2. 83	28. 66	1. 93
25	60. 57	7. 50	47. 13	4. 35	36. 67	2. 83	28. 15	1. 92
30	60. 29	7. 47	47. 05	4. 35	36. 12	2. 79	26. 88	1. 85
35	60. 02	7. 44	46. 48	4. 30	34. 19	2. 68	25. 02	1. 73
40	59. 74	7. 42	44. 43	4. 14	32. 16	2. 53	22. 55	1. 60
45	57. 13	7. 18	44. 33	3. 94	28. 98	2. 35	»	»
50	53. 83	6. 94	37. 75	3. 73	»	»	»	»
55	50. 73	6. 68	»	»	»	»	»	»

Il ne faut pas confondre ces opérations avec les placements effectués dans les associations *tontinières*. Dans ces placements rien n'est fixé d'avance. Les assurés n'ont aucune certitude d'obtenir les avantages qu'on leur fait espérer, et à l'expiration des sociétés, il faut se contenter de tout ce que donne la liquidation. Déjà, plusieurs de ces sociétés sont arrivées à terme, et au lieu des résultats brillants qu'on attendait, on n'a retiré qu'un intérêt assez modique en sus des fonds versés. En traitant avec une Compagnie telle que l'U-NION, aucun mécompte n'est à craindre. Elle précise d'avance la somme qu'elle garantit, et cette somme est un *minimum* qui s'augmente par l'effet de la participation dans ses bénéfices, ainsi qu'il sera expliqué dans un des Chapitres suivants.

CHAPITRE XIII.

DES TARIFS.

Les tarifs d'une Compagnie d'assurances sur la vie doivent être combinés de telle sorte qu'elle n'en retire pas de trop grands avantages, ce qui serait au détriment du public, mais de manière cependant qu'elle y trouve un bénéfice modéré; car si les opéra_ tions lui étaient onéreuses, plus elle les multiplierait, plus elle augmenterait ses pertes, et elle serait, à la longue, hors d'état de remplir ses engagements, ce qui serait encore bien plus préjudiciable à ceux qui auraient traité avec elle

Les Tarifs sont basés sur deux éléments : *les chances de la mortalité et le taux de l'intérêt.*

Les chances de la mortalité s'apprécient d'après des Tables qui indiquent pour chaque âge combien sur un nombre donné d'individus, il en meurt dans une année. Ces tables, qu'on appelle *lois de mortalité,* varient suivant les pays, et dans chaque pays, selon la classe des personnes observées. En France, les Tables authentiques sont, d'une part, la loi de la *Mortalité générale,* dite de *Duvillard,* et la loi de la mortalité des *têtes choisies,* dite de *Deparcieux.* La première a été adoptée pour le calcul des assurances en cas de décès, et la seconde pour le calcul des rentes viagères et des assurances en cas de vie. Cette distinction est fondée; car, dans le premier cas, les personnes d'une mauvaise santé ayant surtout intérêt à contracter, les Compagnies, malgré les précautions qu'elles apportent dans le choix des assurés, sont exposées à en admettre un certain nombre qui n'atteindront pas le terme ordinaire de l'existence; mais, dans le second cas, les rentiers, les assurés se choisissent d'eux-mêmes, et les hommes jouissant d'une santé vigoureuse se présentent en plus grand nombre.

Dans les placements ordinaires, le taux de l'intérêt est généralement de 5 p. %. Mais, dans les placements à long terme et à intérêts composés, il faut faire valoir non-seulement le capital, mais encore les intérêts qu'on en retire, sans aucune perte de temps. D'ailleurs, quand le prix de l'assurance n'est pas un capital, mais une annuité, il faut avoir égard d'abord au taux actuel des placements, et, en outre, à la possibilité d'une réduction de ce taux dans l'avenir. Dès lors, il est impossible de baser les calculs sur un intérêt supérieur à 4 p. %, et c'est celui qui a été adopté par les principales Compagnies.

Les éléments des Tarifs étant ainsi déterminés, le calcul se fait d'après des règles invariables, qu'indique l'analyse mathématique. D'ailleurs, les tarifs annexés aux statuts, examinés et approuvés par le gouvernement, ne laissent aucune prise à l'arbitraire, et chacun est certain d'obtenir les conditions les plus exactes, eu égard à son âge et aux chances de la combinaison qu'il a choisie.

CHAPITRE XIV.

DE LA PARTICIPATION DES ASSURÉS DANS LES BÉNÉFICES.

Quelque modérés que soient les bénéfices que se réservent les Compagnies d'assurances sur la vie, la plupart en abandonnent une partie aux principales classes d'assurés, et particulièrement à ceux qui s'engagent pour la vie entière.

Cette participation permet à l'assuré, à mesure que les répartitions arrivent, d'augmenter la somme garantie, sans avoir aucune charge nouvelle à supporter, ou de réduire la prime qu'il est tenu de payer, sans subir aucune diminution de la somme assurée.

La quotité de la participation varie selon les Compagnies : plusieurs accordent 50 p. %, mais en restreignant cette part aux bénéfices provenant de la catégorie à laquelle les assurés appartiennent. Ils n'ont rien à prétendre sur les bénéfices des autres opérations, quelque importants qu'ils puissent être. La Compagnie de l'UNION a adopté une autre base. Elle ne promet pas plus de 25 p. %, mais elle les donne sur l'ensemble de ses affaires, et sous ce rapport elle traite ses assurés à l'égal de ses actionnaires. Cette Compagnie étant celle qui a le plus anciennement fait jouir le public de cet avantage, il n'est pas sans intérêt d'indiquer les résultats que ses assurés ont obtenus.

La Compagnie, en 30 années, a fait neuf répartitions; ces répartitions ont été presque toujours en augmentant et ont eu lieu à des époques de plus en plus rapprochées. D'abord, après 5 ans, puis, de 3 ans en 3 ans, et dans les derniers temps, tous les 2 ans.

Les sommes attribuées aux assurés se sont élevées à 822,000 fr., et ont été réparties entre eux, à raison de l'importance des capitaux garantis et du temps qu'avaient duré les assurances.

L'Union accorde la participation non-seulement à ceux qui contractent pour la vie entière, mais encore à ceux qui souscrivent des assurances différées.

EXEMPLES.

Un homme âgé de 28 ans a traité en 1830 pour une assurance de 10,000 fr: il a pris part à neuf répartitions et ce capital a été élevé à 18,114 fr.

Un négociant âgé de 37 ans à la même époque a souscrit une assurance de 50,000 fr., moyennant une prime annuelle de 1,500 fr.; il a opté pour la réduction de la prime, laquelle a diminué successivement, et a été complétement amortie après la 7ᵉ répartition. Ensuite, la part revenant à l'assuré a été appliquée à l'augmentation de la somme garantie, qui s'est trouvée portée en 1858 à 54,135 fr. Le décès de l'assuré étant arrivé alors, cette somme a été payée à ses héritiers.

Un industriel âgé de 30 ans a fait assurer en 1839, au profit de sa mère, âgée de 55 ans, et pour le cas où elle lui survivrait, une rente viagère de 400 fr. Cette rente est aujourd'hui élevée à 1,287 fr.; elle s'est donc plus que triplée en 20 ans.

Un employé âgé de 30 ans a contracté en 1835 pour recevoir, s'il est vivant à l'âge de 60 ans, une somme de 10,000 fr. Cette somme a été portée, après huit répartitions, à 15.784 fr., et l'assuré peut prendre part encore à plusieurs répartitions.

Un homme âgé de 29 ans a stipulé en 1834, pour obtenir au bout de 30 années, une rente viagère de 772 fr. Cette rente s'élève présentement à 1,248 fr. et elle augmentera encore jusqu'à son terme d'exigibilité.

Un père a contracté une assurance de 100,000 fr. au profit de sa fille âgée de 4 ans, pour lui faire toucher cette somme à l'âge de 24 ans; elle n'a concouru qu'à 5 répartitions, et cependant l'assurance a été portée à 128,000 fr. que la Compagnie a payés en 1849.

La participation répond victorieusement à l'objection la plus fréquente que soulèvent les assurances qui s'étendent à toute la vie.

Oui, dira-t-on, l'assuré qui mourra avant le terme ordinaire de la vie, aura fait une opération avantageuse pour sa famille, mais celui qui vivra au delà du terme moyen aura souscrit un contrat onéreux et aura payé plus qu'il ne laissera à son décès. Eh bien! par l'effet de la participation, plus l'existence se prolonge, plus la somme assurée augmente, ou bien encore plus la prime diminue. Ainsi, d'une part, celui pour qui un payement annuel n'est pas une charge trop lourde, voit le capital assuré s'accroître à mesure que le terme où ce capital sera réalisé se rapproche. De l'autre part, celui qui désire diminuer ses dépenses, obtient des réductions successives et se trouve exonéré de tout paiement à l'âge où souvent le revenu est diminué par la cessation du travail.

CHAPITRE XV.

DU PAIEMENT DES PRIMES, ET DE LA RÉSOLUTION DU CONTRAT EN CAS DE NON-PAIEMENT.

Pour obtenir les avantages que lui garantit le contrat d'assurance, l'assuré paie une prime unique ou s'oblige le plus souvent à acquitter une prime annuelle. Dans ce dernier cas, le paiement exact et régulier de la prime est la condition essentielle de la validité du contrat.

Pour faciliter l'exécution de cet engagement, la Compagnie accorde à ses assurés, moyennant une légère augmentation équivalente à l'intérêt du retard, la faculté d'acquitter la prime par semestre, ou même par trimestre.

Quand l'assuré se refuse à payer, ou bien se trouve dans l'impossibilité de le faire, quelle en est la conséquence?

Si la prime représente seulement le risque couru par la Compagnie, comme dans les *assurances temporaires* ou dans les *assurances de survie*, lorsque le bénéficiaire présumé est plus âgé que l'assuré, les primes servies sont acquises à la Compagnie, et le contrat est annulé.

Mais, dans tous les autres cas, le contrat conserve encore une certaine valeur, et les sacrifices faits par l'assuré ne sont pas en pure perte.

Lorsqu'il a été stipulé que la prime serait payée pendant un certain nombre d'années, comme dans les *assurances sur la vie entière*, à *primes temporaires*, les *assurances mixtes* ou à *terme fixe*, ou bien encore dans les *assurances différées*, le contrat reste en vigueur, mais la somme assurée est réduite à peu près dans la proportion des primes payées, comparativement au montant total des primes stipulées.

Ainsi, lorsqu'il a été convenu que l'assuré paierait la prime pendant 20 années consécutives, et qu'il ne l'a acquittée que pendant 5 années, l'assurance est réduite dans une proportion de 5 à 20, c'est-à-dire *au quart*, environ.

Lorsque la prime doit être payée pendant toute la vie, ce qui est la stipulation la plus usuelle dans les *assurances pour la vie entière*, la règle précédente n'est plus applicable, mais la Compagnie de l'UNION annexe à ses polices un tableau qui indique de combien la somme assurée est réduite, lorsqu'on cesse de payer la prime après un certain nombre d'années.

La Compagnie fait plus : elle indique aussi le prix auquel elle consent à racheter sa police, lorsque l'assuré le demande, quel qu'en soit le motif. Ainsi, il n'a pas à craindre de perdre tout le fruit de ses économies, s'il était forcé un jour, par des revers inattendus, de renoncer au bénéfice de l'assurance et de tirer parti de ce qu'il possède.

Mais l'assuré ne doit pas être surpris si dans ce cas il n'a droit qu'à une somme à peu près égale à la moitié des primes qu'il a versées; car la Compagnie ayant couru pendant un certain temps le risque de payer le capital assuré, si le décès était survenu, doit retenir en compensation la majeure partie des primes qui lui ont été versées.

Voici les deux tableaux dont nous venons de parler :

Prix du rachat d'une Assurance de 100 fr., après un nombre d'années pendant lequel les primes ont été payées.

AGE à la date de la POLICE	APRÈS 3 ans.	APRÈS 5 ans.	APRÈS 7 ans.	APRÈS 10 ans.	APRÈS 15 ans.	APRÈS 20 ans.	APRÈS 25 ans.	APRÈS 30 ans.
30	2.76	4.73	6.80	10.14	16.38	23.40	31.04	39.02
32	2.96	5.08	7.32	10.94	17.62	25.07	33.03	41.24
34	3.20	5.49	7.92	11.82	18.97	26.81	35.08	43.48
36	3.47	5.95	8.58	12.77	20.40	28.63	37.18	45.70
38	3.76	6.45	9.28	13.79	21.89	30.49	39.29	47.94
40	4.09	7.00	10.05	14.87	23.44	32.39	41.42	50.13
42	4.44	7.59	10.86	16.00	25.02	34.32	43.52	52.25
44	4.81	8.19	11.70	17.16	26.63	36.23	45.59	54.26
46	5.20	8.83	12.57	18.36	28.27	38.16	47.62	56.12
48	5.60	9.50	13.47	19.58	29.91	40.05	49.56	57.74
50	6.03	10.18	14.41	20.84	31.56	41.92	51.38	58.94
52	6.47	10.88	15.35	22.10	33.20	43.73	53.00	

Somme à laquelle se réduit une Assurance de 100 fr. à défaut de paiement de la prime après un certain nombre d'années révolues.

AGE à la date de la POLICE	APRÈS 3 ans.	APRÈS 5 ans.	APRÈS 7 ans.	APRÈS 10 ans.	APRÈS 15 ans.	APRÈS 20 ans.	APRÈS 25 ans.	APRÈS 30 ans.
30	7.34	12.16	16.95	24.05	35.60	46.49	56.38	65.08
32	7.61	12.66	17.64	25.05	36.96	48.03	57.94	66.56
34	7.96	13.23	18.46	26.13	38.37	49.58	59.49	67.99
36	8.35	13.86	19.31	27.26	39.79	51.10	60.98	69.37
38	8.77	14.53	20.17	28.40	41.20	52.59	62.42	70.68
40	9.19	15.21	21.07	29.54	42.57	54.02	63.78	71.91
42	9.64	15.90	22.02	30.59	43.90	55.38	65.08	73.05
44	10.07	16.56	22.82	31.74	45.15	56.67	66.29	74.07
46	10.50	17.23	23.67	32.78	46.36	57.89	67.42	74.95
48	10.92	17.86	24.48	33.78	47.51	59.04	68.45	75.63
50	11.35	18.49	25.28	34.74	48.61	60.13	69.35	75.97
52	11.75	19.09	26.03	35.60	49.65	61.13	70.07	»

CHAPITRE XVI.

DES CAISSES D'ÉPARGNE

comparées aux assurances sur la vie.

Nous avons exposé les avantages que les assurances sur la vie, et particulièrement les assurances en cas de décès, offrent aux hommes laborieux et économes. Nous savons que les Caisses d'épargne leur sont ouvertes; nous apprécions les services que leur rendent ces utiles établissements.

Toutefois les *Caisses d'épargne* ne vont pas au but que les *Compagnies d'assurances* se proposent d'atteindre. Celui qui place son argent à la Caisse d'épargne cherche à se créer une ressource pour les mauvais jours ou pour sa vieillesse. Celui qui fait une *assurance sur sa vie* assure des moyens d'existence à *d'autres lui-même.* La Caisse d'épargne pourvoit à des besoins physiques; les *assurances* satisfont aux besoins du cœur. La Caisse d'épargne dit au déposant : *tu ne manqueras de rien*; les Compagnies d'assurances disent à l'assuré : *ils ne manqueront de rien*; et ce mot ILS désigne une mère, une épouse, des enfants, tout ce qui réveille en nous les sentiments les plus tendres et les plus intimes. Pour mettre à la Caisse d'épargne, il suffit d'un simple calcul; c'est un bon emploi de l'argent que la prévoyance conseille. Pour entretenir une assurance, on obéit aux élans de l'âme; on s'oublie soi-même pour ne penser qu'aux autres.

D'un autre côté, la Caisse d'épargne ne donne pas les mêmes résultats que les Compagnies d'assurances. La première est fidèle et rend, avec intérêt, tout ce qu'elle a reçu. Les Compagnies d'assurances sont fidèles aussi et, de plus, libérales, car elles rendent très souvent aux héritiers de l'assuré, au jour de son décès, une somme bien supérieure au montant des primes qui leur ont été payées.

Ces deux institutions cependant peuvent se prêter un mutuel appui Que l'employé, que l'artisan continuent à porter chaque semaine leurs économies à la Caisse d'épargne, puis, qu'à la fin de l'année ils prélèvent sur la totalité de leur dépôt une somme destinée à subvenir, après eux, aux besoins de leur famille En suivant notre conseil, ils obtiendront un double avantage.

D'une part, en versant leurs économies dans une Caisse d'épargne, ils auront quelque argent devant eux, et ils supporteront moins péniblement le manque de travail, les jours de maladie et les infirmités qu'un âge avancé amène trop souvent à sa suite.

De l'autre part, en employant une partie de leurs économies à *assurer* un capital, quelque faible qu'il soit, au profit de leurs femmes, de leurs enfants, ils auront la consolation de ne pas laisser après eux, privés de toutes ressources, les plus chers objets de leur tendresse.

TABLE DES MATIÈRES.

———

FIN.

L'UNION

COMPAGNIE D'ASSURANCES SUR LA VIE HUMAINE

Autorisée par ordonnance royale du 21 juin 1829

ÉTABLIE A PARIS

En son hôtel, rue de la Banque, 15.

Capital social : DIX MILLIONS de Francs.

CONSEIL D'ADMINISTRATION.

MM.

A.-L. Torras, propriétaire, PRÉSIDENT

A. D'Eichthal, vice-pré-
sident du Crédit Mobi-
lier.

E. Hentsch, banquier.

C. Jameson, associé de
Hottinguer et Comp.,
banquiers.

M. Girod, associé de Pil-
let-Will et Comp., ban-
quiers.

MM.

H. Foignon, proprié-
taire.

Ch. Mallet, banquier.

C. Mussard, banquier.

B. Paccard, ancien banquier.

M. Maas, directeur.

Les opérations de la Compagnie se résumaient comme suit au 31 décembre 1859 :

9,903,440 f. capitaux assurés en cas de décès.

2,269,670 f. id. exigibles du vivant des assurés y compris les assurances mixtes.

794,381 f. rentes viagères, immédiates, différées ou de survie.

La COMPAGNIE possédait, pour faire face à ces obligations et éventualités, un capital de 8,805,909 f.

Elle avait payé aux femmes, enfants ou héritiers des assurés plus de DEUX MILLIONS DE FRANCS.

Elle a fait à ses assurés neuf répartitions de bénéfice dont les résultats ont été indiqués aux pages 62, 63 et 64.

Les fonds provenant tant de ses opérations que de ses réserves, placés en Immeubles, Effets publics, Actions des canaux et Obligations des chemins de fer montent à près de DIX MILLIONS DE FRANCS, lesquels joints au capital de la Compagnie, élèvent ses garanties à VINGT MILLIONS DE FRANCS.

La Compagnie possède à Paris trois beaux hôtels situés dans les quartiers les plus fréquentés et d'une valeur d'au moins TROIS MILLIONS.

Paris. — Imp. L. TINTERLIN et Cᵉ, rue Neuve-des-Bons-Enfants, 3.

296

www.ingramcontent.com/pod-product-compliance
Lightning Source LLC
Chambersburg PA
CBHW050610210326
41521CB00008B/1199